# BEI GRIN MACHT SICH IHR WISSEN BEZAHLT

AF149041

- Wir veröffentlichen Ihre Hausarbeit, Bachelor- und Masterarbeit

- Ihr eigenes eBook und Buch - weltweit in allen wichtigen Shops

- Verdienen Sie an jedem Verkauf

## Jetzt bei www.GRIN.com hochladen und kostenlos publizieren

Sven-David Müller

# Die Immunomodulation aus ernährungstherapeutischer Sicht

## Stellenwert von Mikronährstoffen, Nucleotiden und Omega-3-Fettsäuren in der Modulation des Immunsystems beim Menschen

GRIN Verlag

**Bibliografische Information der Deutschen Nationalbibliothek:**

Die Deutsche Bibliothek verzeichnet diese Publikation in der Deutschen National-
bibliografie; detaillierte bibliografische Daten sind im Internet über http://dnb.d-
nb.de/ abrufbar.

**Impressum:**

Copyright © 2010 GRIN Verlag GmbH
Druck und Bindung: Books on Demand GmbH, Norderstedt Germany
ISBN: 978-3-656-61108-0

**Dieses Buch bei GRIN:**

http://www.grin.com/de/e-book/158222/die-immunomodulation-aus-ernaehrungs-
therapeutischer-sicht

# Immunmodulation mit Glutamin, Arginin, Omega-3-Fettsäuren, Zink und RNS-Nukleotide

## Einführung

Das menschliche Immunsystem dient der Infektabwehr und setzt sich aus einer Vielzahl von Zellen, Molekülen und Systemen zusammen. Interaktionen zwischen der Ernährung und dem Immunsystem stehen heute mehr denn je im Fokus des ernährungsmedizinischen und ernährungswissenschaftlichen Interesses. In zunehmendem Maße werden Mikro- und Makronährstoffe identifiziert, denen eine immunmodulative Wirkung zuzuordnen ist. Durch eine gezielte Substratzufuhr, also Gabe von immunmodulativen Mikro- und Makronährstoffen, können die mukosale Barrierefunktion des Gastrointestinaltraktes, die zelluläre Abwehrfunktion sowie die lokale und systemische Inflammation signifikant beeinflusst werden. Als Immunonutrition konnten bisher Aminosäuren (Glutamin und Arginin), Eicosane (Omega-3-Fettsäuren) sowie Nukleotide identifiziert werden. Daneben hat auch das essentielle Spurenelement Zink eine große Bedeutung für das menschliche Abwehrsystem. Da die Nahrung in der Regel zinkarm ist, ist eine Zinksubstitution zur Unterstützung des Immunsystems sinnvoll. Es sollten täglich 15 bis 30 mg einer organischen Zinkverbindung – also hoch bioverfügbaren Verbindung – substituiert werden. Gerade in der Naturheilkunde ist eine Förderung der Infektabwehr durch komplexe Maßnahmen von Bedeutung. Der Ernährungsmedizin sollten vor dem Hintergrund aktueller Erkenntnisse mehr Beachtung geschenkt werden. Das humane Immunsystem ist äußerst komplex aufgebaut und ununterbrochen beschäftigt. In der Umwelt befindet sich eine Vielzahl an Krankheitserregern, die ständig in den Organismus eindringen. Um Infektionen zu verhindern oder effektiv zu bekämpfen, ist ein funktionierendes Abwehrsystem essentiell. Abwehrschwäche kann durch bestimmte Krankheiten oder äußeren Einflüssen wie Strahlung (Strahlentherapie bei Tumoren), Chemotherapien (bei Tumoren) oder Nähr- und Wirkstoffmangel (mit)hervorgerufen werden. Auch Stress, das Alter oder starke körperliche Belastungen können dazu beitragen, dass die Abwehr eingeschränkt funktionstüchtig ist und einer geeigneten Unterstützung durch Immunonutrition bedarf. Die normale Ernährung reicht dann oft nicht mehr aus, um diesen erhöhten Anforderungen gerecht zu werden. Jetzt müssen spezielle Substrate mit immunmodulativer Wirkung in ausreichender Menge zugeführt werden.

## Zusammenhänge zwischen Ernährungszustand und Immunantwort

Eine negative Antwort des Immunsystems kann Ausdruck einer Mangelernährung (2) insbesondere einer Abnahme des Körperbestandes an Proteinen und Zink sein (1). Ein gesundes, leistungsstarkes Immunsystem ist der beste Schutz gegen viele übertagbare Krankheiten. Voraussetzung dafür ist insbesondere ein optimaler Ernährungszustand und –status. Jedoch können extreme Belastungen dazu führen, dass das Immunsystem auch bei guten Ernährungszustand und –status Support erfordert. Das kann beispielsweise notwendig sein, wenn schwere chronische Krankheiten bestehen, großflächigen Wunden vorliegen und sogar durch manche Arzneimittel und Therapien wird eine Immunonutrition erforderlich. Immunonutrition beschreibt nach Kemen den additiven Einsatz verschiedener immunologisch aktiver Substanzen. Auch die Phase vor und nach großen Operationen stellt eine elementare Stress-Situation dar. Durch Leistungssport kann die Immunabwehr geschwächt werden. Schließlich sind Senioren anfälliger gegen Infektionskrankheiten und haben meist eine verlängerte Rekonvaleszenz. Gerade der Ernährungszustand von Senioren ist in vielen Fällen mit dem Malnutrition exakt beschrieben.

**Ernährungsstatus von gesunden Betagten zu Hause und in Institutionen**

| | Nahrungsaufnahme ungenügend bei Betagten | |
| --- | --- | --- |
| | zu Hause (in %) | in Institutionen (in %) |
| **BMI erniedrigt** | Keine Angabe | **57-60** |
| Kalorien | 29-33 | 5-18 |
| **Protein** | 2-15 | **0-33** |
| **Calcium** | 37 | **0-54** |
| Eisen | Keine Angabe | 5-35 |
| Vitamin A | 11 | 5-13 |
| **Vitamin D** | 72 | **63-77** |
| Ascorbinsäure | 5 | 0-40 |
| Thiamin | 8 | 7-30 |
| Riboflavin | 4 | 0-34 |
| **Pyridoxin** | 85 | **57-100** |
| Folat | 77 | 37 |
| Vitamin B12 | 31 | Keine Angabe |
| Zink | 76 | 21 |
| Phosphor | 3 | Keine Angabe |
| Vitamin E | 44 | Keine Angabe |

(Modifikation Adil et al.Nutrition Review, No. 2/2000)

## Immunmodulation durch Ernährungssubstrate

Das Abwehrsystem des humanen Organismus ist ein komplexes System. Die ernährungsmedizinische und die ernährungswissenschaftliche Forschung zeigt, dass bestimmte Nahrungssubstrate essentiell sind, um das Immunsystem in die Lage zu versetzen, effektiv Krankheitserreger abzuwehren. Inzwischen konnten die ernährungswissenschaftlichen und ernährungsmedizinischen Grundlagenforschungen dazu führen, dass die Erkenntnisse zur Formulierung sogenannter Immunonutrition (beispielsweise Trink-/Sondennahrungen zur enteralen Ernährung oder ergänzend bilanzierte Diäten) führten. Immunonutrition ist eine besondere Form der Ernährungstherapie mit einer Nahrung, die aufgrund ihrer speziellen Zusammensetzung in der Lage ist, das Immunsystem bei extremen Belastungen in seiner Funktion effektiv zu unterstützen. Wichtige Inhaltsstoffe sind zum Beispiel immunstärkende Substanzen:

• Arginin (Aminosäure), das bei der Wundheilung und dem Aufbau von Abwehrzellen hilft.

• Glutamin (Aminosäure), zur Förderung der mucosalen Barrierefunktion

- Eicosane (Omega-3-Fettsäuren aus Fischöl), die die zellulare Abwehr-funktion unterstützen können, die entzündungshemmend wirken und die Durchblutung verbessern.

- RNS-Nukleotide (Ribonukleinsäure) für die Zellerneuerung und die die zelluläre Abwehrfunktion verbessern.

Studien zeigen (7), dass bei Patienten mit großen Oberbaucheingriffen eine frühe postoperative enterale Ernährung durchführbar und gut verträglich ist. Gleichartige Ergebnisse wurden bei Polytraumatisierten und Patienten mit internistischen Erkrankungen während der intensivmedizinischen Behandlung berichtet. Den Beginn der enteralen Ernährung empfiehlt man innerhalb von 24 bis 48 Stunden nach Trauma oder Operationen. Insbesondere in der Aufbauphase der enteralen Ernährung ist eine engmaschige klinische Überwachung der Patienten unbedingt erforderlich. Mit der Einnahme von Immunonutrition sollte fünf bis sieben Tage vor dem Eingriff begonnen und diese nach der Operation möglichst sieben Tage fortgesetzt werden. Diese neuen Erkenntnisse wurden kürzlich anhand mehrerer Studien auf dem Kongress der Europäischen Gesellschaft für parenterale und enterale Ernährung (ESPEN, 8) vorgestellt. Die neueste Studie zu diesem Thema, veröffentlicht im Juni 2002 in der Fachzeitschrift Gastroenterology (9), führte zum Ergebnis, dass post-operative Infektionen in der mit Immunonutrition behandelten Gruppe um 55 Prozent seltener auftraten als bei den Studienteilnehmern, die keine Ernährungstherapie erhielten. Außerdem war die Krankenhausaufenthaltsdauer der Patienten, die fünf Tage vor der Operation einen Liter Immunonutrition täglich erhielten, um 2,5 Tage kürzer. Die Deutsche Gesellschaft für Ernährungsmedizin hat in ihrer Leitlinie enterale Ernährung auch die Immunonutrition beschrieben (3).

**Immunmodulative Wirkung von Glutamin**
Glutamin ist die mengenmäßig vorherrschende freie proteinogene Aminosäure des menschlichen Organismus. Es gibt essenzielle (lebensnotwendige), die über die Nahrung zugeführt werden müssen, sowie nicht essenzielle, die der menschliche Organismus normalerweise selbst herstellen kann. Nicht entbehrliche (= essenzielle) Aminosäuren sind Histidin, Isoleucin, Leucin, Lysin, Methionin, Phenylalanin, Threonin, Tryptophan sowie Valin. Zu den entbehrlichen (= nicht essenziellen) Aminosäuren zählen Alanin, Asparagin, Asparaginsäure, Cystein, Glutaminsäure, Glutamin, Glycin, Prolin, Serin, Taurin und Tyrosin. Auch Arginin zählt dazu, kann aber unter bestimmten Bedingungen essenziell werden, muss also zugeführt werden. Glutamin ist Stickstoffcarrier zwischen unterschiedlichen Geweben und Hauptenergiequelle des Gastrointestinaltraktes, des Immunsystems und anderer rasch proliferierender Zellen. Glutamin schützt vor der bakteriellen Translokation (dem Eindringen von unerwünschten Stoffen wie Allergenen durch die Dünndarmschleimhaut). Glutamin dichtet die Schleimhaut gegenüber Krankheitserregender sozusagen ab und dient den Mucosazellen als Energielieferant. In der klinischen Ernährung von Menschen, die beispielsweise nach komplizierten Operationen auf der

Intensivstation durchgeführt wird, ist Glutamin ein wichtiger Bestandteil zum Aufbau des Immunsystems und der Verhinderung einer Bakteriellen Translokation. Bei Glutaminmangel kommt es zur Verminderung der Barrierefunktion der Schleimhaut. Die Gabe von Glutamin fördert das Immunsystem. Die Aminosäure Arginin stabilisiert wie Glutamin das Immunsystem des Magen-Darm-Traktes. Vor, während und nach größeren operativen Eingriffen findet die Ernährung oftmals über sogenannte Immunonutrition statt. Damit hat die enterale Ernährung die parenterale Ernährung in diesem Bereich teilweise abgelöst. Wenn eine parenterale Ernährung zum Einsatz kommt, sollte diese Monoensäuren (beispielsweise aus Olivenöl) als Fettkomponente enthalten. Einfach ungesättigte Fettsäuren haben im metabolischen Bereich entscheidende Vorteile gegenüber anderen Fettsäuren. Olivenölhaltige Parenteralia sind inzwischen verfügbar.

**Immunmodulative Effekte der Aminosäure Arginin**
Arginin ist eine dibasische Aminosäuren, die der menschliche Organismus aus der Nahrung resorbiert oder durch endogene Synthese über den Harnstoffzyklus synthetisieren kann. Wegen des vielseitigen Funktions- und Wirkungsspektrums gilt Arginin als Spitzenreiter unter den Aminosäuren. Arginin beugt der bakteriellen Translokation vor und verbessert die zelluläre Abwehr. Außerdem wird Arginin zur Senkung des Herzinfarkt- und Schlaganfallrisikos verabreicht, denn es erweitert die Blutgefäße und senkt hohen Blutdruck. Untersuchungen zufolge senken Argininpräparate die Neigung der Blutplättchen, miteinander und mit den Arterienwänden zu verkleben. Weil Arginin auch an der Bildung von Stickoxid beteiligt ist, das krampflösend auf die Arterienwände wirkt, ist Arginin auch bei Angina-pectoris-Patienten wirksam. Arginin wird darüber hinaus schon seit langem zur Stärkung des Immunsystems eingesetzt, z.B. bei Patienten, die an Sepsis, Krebs oder Immunschwäche leiden. Auch traumatische Erlebnisse und Operationen erhöhen den Bedarf des Körpers an Arginin, das zur Proteinsynthese und zur Produktion der weißen Blutkörperchen nötig ist. Schließlich ist Arginin auch am Prozess der Wundheilung beteiligt. In Kombination mit Omega-3-Fettsäuren und RNS-Nukleotiden bewirkt es eine deutliche Verbesserung der Immunzellreaktionen, d.h. Arginin ist auch geeignet, Patienten nach einer Operation vor Komplikationen zu schützen und das Immunsystem zu stimulieren.

**Omega-3-Fettsäuren in der Immunmodulation**
Zu den mehrfach ungesättigten Fettsäuren gehören die Omega-3-Fettsäuren. Die wirksamsten Omega-3-Fettsäuren - Eicosapentaensäure (EPA) und Docosahexaensäure (DHA) - kommen besonders häufig in Fisch vor (Fischöl) und eine weitere - Alphalinolensäure - in Rapsöl und Walnüssen. Omega-3-Fettsäuren spielen bei lebenswichtigen Körperabläufen eine Schlüsselrolle - von der Regulierung des Blutdrucks und der Blutgerinnung bis hin zur Stärkung des Immunsystems - und sind zur Vorbeugung und Behandlung vieler Erkrankungen und Beschwerden nützlich.Omega-3-Fettsäure-Mangel ist assoziiert mit einer Vielzahl von Erkrankungen, insbesondere von Zivilisationskrankheiten. In Deutschland

ist derzeit das Verhältnis zwischen Omega-6- und Omega-3-Fettsäuren in der Nahrung mit 50 : 1 vom Idealwert 4 : 1 weit entfernt. Aus diesem Grund rückt die prophylaktische und therapeutische Substitution von O-mega-3-Fettsäuren immer stärker in den Mittelpunkt des medizinischen Interesses. In zahlreichen klinischen Studien wurde die Wirkung von O-mega-3-Fettsäuren auf wichtige atherogene Parameter wie Blutfette, Thrombozytenaggregation, Blutungszeit und Blutdruck konsistent und re-produzierbar festgestellt. In neuen epidemiologischen Studien wurden erhebliche Senkungen des kardiovaskulären Risikos durch Omega-3-Fettsäuren nachgewiesen. Das Risiko für einen tödlich verlaufenden Herz-infarkt sank um fast 70%. Die Kombination an synergistischen und kom-plementären Effekten macht Omega-3-Fettsäuren nicht zuletzt für die Behandlung diabetischer Fettstoffwechselstörungen zu einer interessan-ten Option: Bis zu 60% der Diabetiker zeigen eine Hyperlipoproteinämie, in 80% der Fälle bedingt durch eine Erhöhung der Triglyceride. Aber O-mega-3-Fettsäuren haben auch einen Einfluss auf die Immunfunktion. Aufgrund der pleiotropen Angriffspunkte auf  Mediatoren im Immunsys-tem spielen Omega-3-Fettsäuren  bei einer Reihe von immunologisch be-dingten Erkrankungen eine essentielle Rolle (4). Omega-3-Fettsäuren sind effektiv bei der Chemoprävention gastrointestinaler Tumoren (5). In experimentellen Modellen wurde ferner ein protektiver Effekt gegenüber dem Wachstum solider Tumoren, gegenüber einer Metastasierung und der Ausbildung einer Kachexie beobachtet. Die verzögernde Wirkung auf das Wachstum von Tumoren wie auch die entzündungshemmenden und immunmodulatorischen Eigenschaften der Omega-3-Fettsäuren werden mit Veränderungen des Eicosanoidmetabolimus im Tumor beziehungswei-se im Organismus erklärt (6).

**RNS-Nukleotide in der Immunomodulation**
Nukleotide sind wichtige Bestandteile der Synthese von DANN/DNS, RNA/RNS und Adeninnukleotide. Nukleotide sind also Bausteine der Nuk-leinsäuren, der Kernsäuren, die in den Zellen aller Lebewesen vorkom-men. Man unterscheidet dabei die DNS (Desoxyribonukleinsäure) und RNS (Ribonukleinsäure). Beide bestehen aus Ketten beziehungsweise Doppelketten von Nukleotiden, die jeweils aus einer Nukleinsäurebase, einem Monosaccharid und einem Phosphorsäurerest zusammengesetzt sind. Einige zu Dinukleotiden verbundene Nukleotide spielen als Koenzy-me im Zellstoffwechsel eine wichtige Rolle und sind wichtige Energieüber-träger und -speicher in den Zellen. Nukleotide liefern Purin- und Pyrimi-dinbasen, die für den Neuaufbau von Zellen notwendig sind. Schnell wachsende Zellen (Epithelzellen, Immunzellen) profitieren daher in be-sonders hohem Maße von einer zusätzlichen Gabe an Nukleotiden. Die Ribonukleinsäure (RNS) - in der medizinischen Fachwelt auch als RNA (aus dem Englischen für RiboNucleic-Acid) bekannt - wird aus Hefe ge-wonnen, ist ein Antioxidanz und soll die Gedächtnisleistung verbessern sowie das Leben verlängern. Das schnelle Wachstum und die spezifische Ausprägung der Immunzellen wird durch die zusätzlich zugeführten Men-gen an Purinen und Pyrimidinen aus der DNS unterstützt. Damit werden dem Gewebe wichtige Zellbausteine geliefert und die Resistenz gegen pa-

thogene Keime verbessert. Die RNS-Nukleotide sorgen für die Stärkung und den Wiederaufbau des zellulären Immunsystems und der Darmzellen.

**Dekubitalleiden als Anwendungsbeispiel der Immunonutrition**

Erschreckende Zahlen zum Krankheitsbild Dekubitus rufen zur gezielten Ernährungstherapie und zum Handeln auf: 1,2 Millionen Krankenhauspatienten (10) erleiden jährlich einen Dekubitus, von denen 10.000 Menschen (11) sterben müssen. Aus ernährungsmedizinischer Sicht ist bei allen Dekubituspatienten eine optimierte Ernährung, Sepplemenation oder der Einsatz von Spezialnahrung, so genannte Immunonutrition erforderlich. 44,1 Prozent der Dekubitus-Verstorbenen stammen aus der stationären Pflege, 34,4 Prozent aus dem häuslichen Bereich und 11,5 aus Krankenhäusern (12), geht aus einer Studie der Deutschen Gesellschaft für Wundheilung und Wundforschung hervor. Für eine Dekubitus-Behandlung entstehen dem Gesundheitswesen pro Patient bis zu 32.000 Euro (13) Kosten. Die Ernährungstherapie gehört genauso zum kausalen Management der Dekubitustherapie wie die Druckentlastung und die adäquate Wundversorgung. Die bedarfsdeckende eiweißreiche Ernährung und ergänzende Immunonutrition verkürzt die Genesungszeit und fördert die Wundheilung von Dekubitalleiden. Die Energieversorgung sollte bei 35 bis 40 Kilokalorien pro Kilogramm Körpergewicht liegen und die tägliche Eiweißmenge sollte mindestens 1 bis 1,5 Gramm pro Kilogramm Körpergewicht betragen. Für einen 60 Kilogramm schweren Menschen würde das einen Eiweißbedarf von 90 Gramm pro Tag bedeuten. Den erhöhten Eiweißbedarf von meist appetitlosen, geriatrischen Patienten, die die Hauptrisikogruppe für Dekubitalleiden darstellen, mit normalen Lebensmitteln zu decken, ist schwierig. Hier empfiehlt sich der Einsatz bilanzierter Trink- und Sondennahrungen. Sie können als Zusatznahrung (Supplemente) den normalen Speiseplan ergänzen oder zur ausschließlichen Ernährung (oral oder per Sonde) dienen. Beispielsweise lässt sich mit einem halben Liter einer eiweißreichen Trinknahrung bereits ein Drittel des Eiweißbedarfs decken. Eine Studie bei 28 Altenheimbewohnern zeigt die Überlegenheit einer eiweißbetonten Kost (24 Prozent der Gesamtenergiezufuhr) gegenüber einer herkömmlichen Kost (14 Prozent der Gesamtenergiezufuhr) bezüglich der Heilungsdauer von Druckgeschwüren (14). Immunonutrition bedeutet die Gabe von immunologisch wirksamen Substanzen wie Zink, Selen, Arginin, Glutamin oder der Vitamine A, C, E im Rahmen einer künstlichen Ernährung. Die zusätzlichen Nähr- und Wirkstoffe erfüllen im menschlichen Organismus spezielle Aufgaben. Das Eiweiß schützt vor einem Muskelabbau, während die Vitamine A, C und E sowie die Spurenelemente Zink und Selen antioxidativ wirken. Zink hat außerdem eine entzündungshemmende und immunstärkende Wirkung. Arginin, Fischöl und die darin enthaltenen Eicosane sowie RNS-Nukleotide stärken das Immunsystem, fördern die Kollagensynthese und damit die Heilung, vermindern die Entzündung, versorgen das Gewebe mit Nährstoffen und fördern die Durchblutung. Eine weitere Wirkung der RNS-Nukleotide ist die Neubildung von Zellen, wodurch sie die Wundheilung fördern. Bis zu 1,5 Milliarden Euro (15) könnten jährlich im Gesundheitswesen eingespart werden, wenn Prophylaxe und Therapie zeitgemäß erfolgen würden und wissenschaftlich belegbare Therapien in die Praxis umgesetzt werden würden, abgesehen vom großen vermeidbaren Leid betroffener Menschen und Angehöriger.

Wenn bei der postoperativen Behandlung und Ernährung von stark geschwächten Menschen Immunonutrition eingesetzt wird, hat das nicht nur eine schnellere Genesung der Patienten zur Folge, sondern führt durch den verkürzten Krankenhausaufenthalt laut verschiedener Studien (7) zu einer erheblichen Kostenreduzierung, wenngleich die Gabe von Immunonutrition erst einmal einen höheren Kostenaufwand bedeutet.

## Zusammenfassung:

Die immunmodulierenden Effekte einer enteralen Gabe von Glutamin, Arginin, Omega-3-Fettsäuren und Nukleotiden ist experimentell und in klinischen Studien hinreichend belegt (1). In zwei Meta-Analysen zeigte sich, dass Immunonutrition positive Einflüsse auf den Krankheitsverlauf bei postoperativen, Trauma- und internistischen Intensivpatienten hat. Die Gabe von Zink erscheint ebenfalls sinnvoll. Die enterale Immunonutrition erfüllt damit die Kriterien der evidence-based-medicine.

## Autor:

Sven-David Müller, M.Sc., staatlich anerkannter Diätassistent, Diabetesberater der Deutschen Diabetes Gesellschaft, Wendenschloßstraße 439, 12557 Berlin, www.svendavidmueller.de

## Literatur:

1) Erfassung und Beurteilung des Ernährungszustandes, 358, P. Schauder und J. Arends in: Ernährungsmedizin, Schauder/Ollenschläger, Urban und Fischer, 2. Auflage, 2003

2) Mangelernährung im Kindes- und Jugendalter, 461, B. Koletzko in: Ernährungsmedizin, Schauder/Ollenschläger, Urban und Fischer, 2. Auflage, 2003

3) Weimann A et al: Chirurgie und Transplantation, Aktuel Ernaehr Med 2003, 28, Supplement 1, 551-560.

4) Wu D, Meydani SN. N-3 polyunsaturated fatty acids and immune function. Proc Nutr Soc 1998; 57:503-509.

5) Kim YI, Mason JB. Nutrition chemoprevention of gastrointestinal cancers: a critical review. Nutr Rev 1996; 54(9):259-279.

6) Rose DP. Dietary fatty acids and prevention of hormone-responsive cancer. Proc Soc Exp Biol Med 1997; 216(2):224-233.

7) Kemen, K., Senkal, M., Schneider M., Eickhoff, U.: Immunonutrition, Aktuelle Ernährungsmedizin 26 (2001), 6, 261–265 Aktuelle Ernährungsmedizin 2001: Immunonutrition 26: 261 – 265

8) Vom 8. – 11. September 2002 fand der Kongress zum Thema „Klinische Ernährung", ausgerichtet von der European Society for Parenteral and En teral Nutrition in Glasgow statt.

9) Gastroenterologie 2002; 122: 1763-1770: A randomized controlled trial of preoperative oral supplementation with a specialized diet in patients with gastrointestinal cancer

(10)    Expertenschätzung    Pelka    aus    dem    Jahr    1998

(11) Sozialverband Deutschlands und verschiedene statistische Daten, Kuratorium    Deutsche    Altershilfe    (KDA)

(12) Studie „Epidemiologie des Dekubitus in der Sterbephase", Deutsche Gesellschaft    für    Wundheilung    und    Wundforschung

(13) Institut für Innovationen im Gesundheitswesen und angewandte Pflegeforschung

(14) Breslow R.A., Bergstrom N.: Nutritional prediction of pressure ulcers, J. Am.Diet Assoc. (USA), Nov. 1994, 94 (11), S. 1301-1304

(15) Initiative Chronische Wunden (ICW)